U0254845

了不起的大数学

数 学

〔西班牙〕卡拉·涅托·马尔提内斯 著 赵越 译

四川科学技术出版社

图书在版编目（CIP）数据

了不起的大数学．数学／（西）卡拉·涅托·马尔提
内斯著；赵越译．一成都：四川科学技术出版社，
2021.4
ISBN 978-7-5727-0096-5

Ⅰ.①了… Ⅱ.①卡…②赵… Ⅲ.①数学－少儿读
物 Ⅳ.①O1-49

中国版本图书馆 CIP 数据核字 (2021) 第 054030 号

© 2019,Editorial Libsa
The simplified Chinese translation rights arranged through Rightol Media
（本书中文简体版权经由锐拓传媒取得Email:copyright@rightol.com）
著作权合同登记号：图进字 21-2020-405号

了不起的大数学·数学
LIAOBUQI DE DA SHUXUE·SHUXUE

出 品 人　程佳月
著　　者　[西班牙]卡拉·涅托·马尔提内斯
译　　者　赵　越
责 任 编 辑　梅　红
封 面 设 计　王晓珍　张　迪
特 约 编 辑　张丽静　李　瑄　王娇娇
出 版 发 行　四川科学技术出版社
　　　　　　地址　成都市槐树街2号　邮政编码　610031
　　　　　　官方微博　http://e.weibo.com/sckjcbs
　　　　　　官方微信公众号　sckjcbs
　　　　　　传真　028-87734035
成 品 尺 寸　210mm×285mm
总 印 张　12
总 字 数　240千
印　　刷　文畅阁印刷有限公司
版次/印次　2021年7月第1版　2021年7月第1次印刷
定　　价　168元（全4册）

ISBN 978-7-5727-0096-5
版权所有　翻印必究
本社发行部邮购组地址：四川省成都市槐树街2号
电话 028-87734035　邮政编码：610031

目录

基础数学

什么是数字？·············5

基数、序数和"捣乱的数字"···········6

"十进制模式"的零食···········7

数学运算

什么是数学运算？·············9

宝藏的线索·············10

骗人的无人机！·············11

完美除法

什么是分数？·············13

最能吃的人·············14

真麻烦！·············15

数列

什么是数列？·············17

骨头和公差·············18

破译密码·············19

物品整理

什么是集合？·············21

混乱的集合·············22

元素的个数·············23

直线

什么是角？·············25

数学挑战·············26

身体的角·············27

几何世界

什么是几何图形？·············29

为了打破纪录！·············30

隐藏的三角形·············31

曲线

什么是圆？·············33

不简单的轮子·············34

圆形迷宫·············35

立体图形

什么是立体图形？·············37

3D挑战·············38

不规则的立体图形·············39

测量

什么是测量？·············41

不同的测量工具·············42

等量换算·············43

答案·············**44**

基础数学

侦探游戏

　　路易斯具有侦探精神，他喜欢观察自己看到的事物并把想法（他称之为线索）记在一个小本子上，然后推导出相关结论。前几天，他在回顾笔记时，注意到小本子上记录了很多数字：在街上看到的、在时钟上看到的、在厨房的日历上看到的、在书本中看到的……"真奇怪，我从来没有注意到数字居然这么重要。如果没有数字，会发生什么呢？如果物品无法被计数，又会怎样呢？"

什么是数字?

数字是一种符号,我们可以使用它们进行计数,完成加、减、乘、除运算,传递信息及解决问题。数字无处不在,有不同的形式。没有数字,我们很难知道现在是什么时间,我们买的东西多少钱,我们的生日是哪一天。

自然数有两种类型

❶ **基数**:用来计数和进行运算。
基数是1,2,3,4,5,6…一直到无穷大。

偶数:个位是0,2,4,6,8的整数。
奇数:个位是1,3,5,7,9的整数。

一双袜子

一双鞋子

可以被成对分组的事物,有一个量词叫"双"。

❷ **序数**:用来指示物体、人的顺序或所占据的位置。例如,右图中一栋10层楼的建筑,每层楼都有一个序数表示。

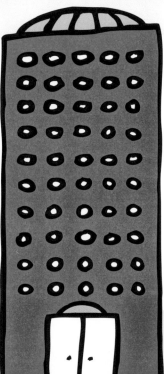

第10层
第9层
第8层
第7层
第6层
第5层
第4层
第3层
第2层
第1层

基数、序数和"捣乱的数字"

路易斯已经了解了自然数的不同类型。他的下一步"研究"就是将小本子上的数字准确地分类。注意！在这些数字中混入了一些其他的数字，你要仔细看清楚哟！

请帮路易斯找出小本上的基数和序数！

15
IX
第3
6
5
VII
2

第7
12
3
4
第9
27
10

罗马数字曾经遍布欧洲，事实上，它们至今仍在使用（比如在钟表上表示时间刻度，或在书籍中表示章节序号）。罗马人用字母表示数字，右侧列出了一些阿拉伯数字所对应的罗马数字。

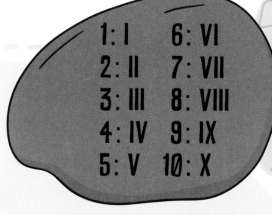

1: I   6: VI
2: II   7: VII
3: III 8: VIII
4: IV   9: IX
5: V   10: X

"十进制模式" 的零食

- **a.** 2颗糖果
- **b.** 10块再加3块甜点
- **c.** 10颗柠檬糖，双份
- **d.** 9块巧克力蛋糕
- **e.** 10颗再加5颗橡皮糖
- **f.** 4袋干果，每袋10颗

路易斯和索拉收到一款名为"购买零食"的电子游戏，但他们却发现这款游戏的叙述方式不同以往。

你能帮助他们破译每份零食的数量吗？

古代的人们用手指数数，他们将许多物品以10分组，这就是我们现在使用的十进制的起源。在十进制中，0到9这10个数字是基本数字；从10开始，满十进一。

1个十等于10个一。 以此类推，数字15代表1个十再加5个一；数字23代表2个十再加3个一；数字41代表4个十再加1个一。

数学运算

数学游戏

　　艾琳娜非常生气，每次跟哥哥姐姐在一起玩数学游戏时，她总是输。她的好朋友贝尔塔给她指出了问题所在："其他人总赢是因为他们会进行数学运算，所以他们能非常快速地算出结果；而你因为不懂得怎么运算，所以你算得总是比他们慢。"

什么是数学运算？

使用数字，你可以进行**四则运算**：加法、减法、乘法和除法。

- **加法**：将两个或两个以上的数合起来。

$$\begin{array}{r} 3 \\ +\ 2 \\ \hline 5 \end{array}$$

- **减法**：表示去掉、减少或者删减。

$$\begin{array}{r} 3 \\ -\ 1 \\ \hline 2 \end{array}$$

个位不够减的时候，需要从十位退1，得到10。

- **乘法**：将几个相同的数相加，就可以用乘法来表示。

$$3 \times 3 = 9$$

乘数×乘数　　　积

- **除法**：把一定的数量平均分为相等的几份。

$$6 \div 2 = 3$$

被除数　除数　商

$$3 + 3 + 3 \longleftrightarrow 3 \times 3$$

上面是两种不同的运算，但是它们的结果相同。

$$2\overline{)5} \\ \ \ 4 \\ \ \ \overline{1}$$

无法正好分完时，会出现剩余的部分，剩余部分叫作余数。

找一找
宝藏的线索

艾琳娜和她的两个朋友——贝尔塔与宝拉扮演了一天的海盗。请你帮助她们破译这张地图，找到宝藏并平均分配它。

宝藏是20枚钱币

a 每个海盗都分得1枚钱币，现在还剩几枚钱币？

b 每个海盗每次分得1枚钱币，重复分配，直到剩余的钱币无法再平均分配。每个海盗最终能分到多少枚钱币？

c 按b的方式分配后，现在还剩下多少枚钱币？

捷径：把所有钱币平均分成3份。这样你就能很快知道每个人分得多少枚钱币了，也能迅速知道还剩下多少枚钱币。

如你所见，东西并不是总能正好分完的。当余数为0时，表示东西能分完，我们就说被除数能被除数整除；当余数是非0的数字时，表示被除数无法被除数整除。

骗人的无人机！

每架无人机都带有一条与数学运算相关的信息。请你找出带有错误信息的无人机。

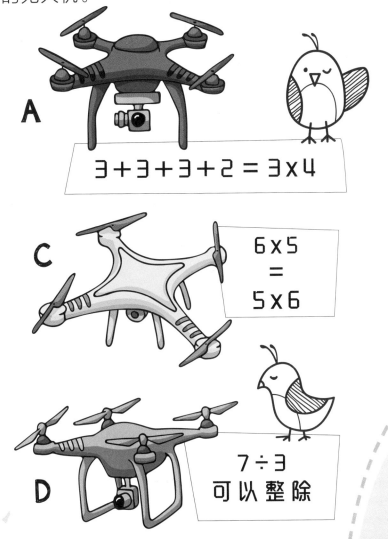

A

$$3+3+3+2=3 \times 4$$

B

$$5+4+8-3=14$$

C

$$6 \times 5 = 5 \times 6$$

D

$7 \div 3$ 可以整除

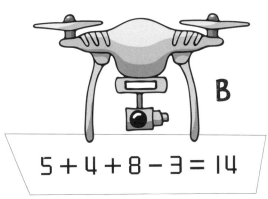

乘法的一个特点就是调换乘数的位置，积不变。也就是说，$2 \times 3 = 3 \times 2$，积都是6。

完美除法

电视机里的小窗口

　　爸爸妈妈买了一台大电视机放在客厅，马科斯每次打开电视时，都喜欢浏览屏幕上的那些小窗口，所有的小窗口都一样大，大屏幕被它们分割开来。"太棒了！这样我一眼就可以选出想看的电视节目了，就像有魔法一样！"马科斯并不知道，在这项发明的背后有一个大秘密——分数。

什么是分数？

分数用于表示物体被**等分**后的某（几）个部分。分数由以下几个部分构成。

1 ← 分子：表示获取其中的几份。

——— ← 分数线

2 ← 分母：表示把一个物体平均分成几份。

二分之一

把一个物体等分成两份，每一部分就是二分之一。

读数时先读分母，比如：

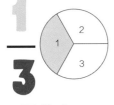 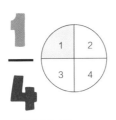  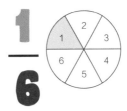 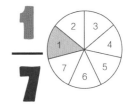

$\dfrac{1}{3}$ 三分之一　$\dfrac{1}{4}$ 四分之一　$\dfrac{1}{5}$ 五分之一　$\dfrac{1}{6}$ 六分之一　$\dfrac{1}{7}$ 七分之一

最能吃的人

马科斯的手机里有一个可以点比萨外卖的应用程序（只有得到父母的允许，他才会使用）。今天下午，马科斯邀请了托马斯、卡洛斯和安娜来家里玩，他们总共点了4张比萨，下图中的比萨是每个人吃的部分。

谁吃得最多？

马科斯

 $= \dfrac{1}{3}$

托马斯

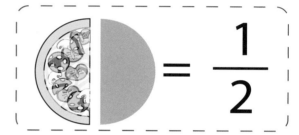 $= \dfrac{1}{2}$

卡洛斯

 $= \dfrac{1}{4}$

安娜

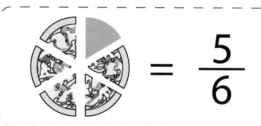 $= \dfrac{5}{6}$

想知道分数怎样变为小数，就用分子除以分母。比如，$\dfrac{2}{8}$ 表示将某个物体平均分为8份，取其中2份，等于0.25个该物体。

真麻烦！

马科斯提出帮妈妈在网上购物。妈妈需要半块奶酪，但当马科斯选择数量时，系统崩溃了，给他列出了很多分数形式的选项。

他该选择哪个呢？

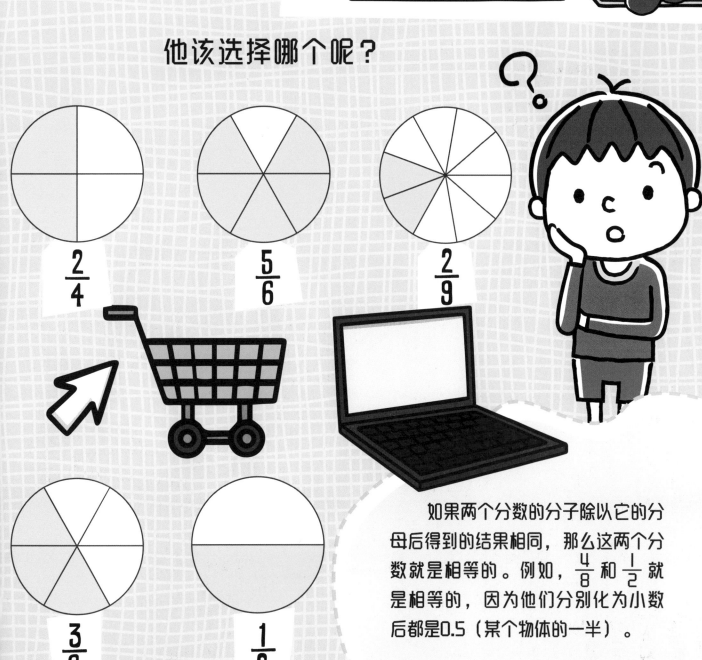

$\dfrac{2}{4}$

$\dfrac{5}{6}$

$\dfrac{2}{9}$

$\dfrac{3}{6}$

$\dfrac{1}{2}$

如果两个分数的分子除以它的分母后得到的结果相同，那么这两个分数就是相等的。例如，$\dfrac{4}{8}$ 和 $\dfrac{1}{2}$ 就是相等的，因为他们分别化为小数后都是0.5（某个物体的一半）。

数列

斐波那契数列

很多年前，有一位住在意大利比萨的小男孩被称为斐波那契，他非常喜欢与数字相关的事情。斐波那契从各地收集了许多有趣的数学问题，其中有一道著名的"兔子问题"，人们把这一问题的答案称为斐波那契数列。

什么是数列？

数列是按一定次序排列的一列数。

项：数列中的每一个数。比如，数列A：2，4，6，8，10；数列B：15，12，9，6。

等差数列和公差：一个数列从第2项起，每一项与它前一项的差是相等的一个数，这个数列就叫作等差数列，这个相等的数字就是这个等差数列的公差。

A 2 → 4 → 6 → 8 → 10　　公差为2

B 15 → 12 → 9 → 6　　公差为-3

递增数列（A）：
从第2项起，每一项都大于它的前一项的数列。

递减数列（B）：
从第2项起，每一项都小于它的前一项的数列。

数列分为有限数列和无穷数列。

 表示无穷大

骨头和公差

露丝有一个电子宠物——一只名叫慕斯的小狗。小狗每天都要进食。星期一露丝给它5根骨头；星期二再给它5根骨头，这样它就有10根骨头了；星期三，露丝又给了小狗5根骨头，这样小狗就有15根骨头了……

星期一	星期二	星期三	星期四
5	**10**	**15**	■■

星期五	星期六	星期天
■■■	■■■	■■■

A. 骨头数量组成的数列将会如何继续？

B. 数列的公差是多少？

生活中处处都能发现数列。你可以在斑马线中发现数列，可以在棋盘上找到数列，也可以在你家厨房瓷砖的图案里找到数列。

破译密码

露丝的妈妈在保险箱里放了非常重要的文件，保险箱需要的密码为方框中隐藏的数字，你能破译它的密码吗？

找出隐藏在每个数列中的数字密码

数列1: 4, 7, 10, 13, □

数列2: 42, 38, 34, 30, □

数列3: 50, 40, 30, 20, □

斐波那契数列非常特殊，它指的是这样一个数列：1，1，2，3，5，8，13，21，34，55，89…大自然中遵循其规律的事物有很多，例如雏菊的花瓣通常有34，或55，或89瓣。

物品整理

无序中的秩序

　　劳拉的房间真是乱成了一团：不成双的袜子、到处乱放的玩具、凌乱的学习用品……劳拉的父母告诉她，如果不把一切都整理好，她就会受到惩罚；但劳拉说："我根本不知道从哪里开始整理！"劳拉的一个好朋友伊萨对她说："为什么不按类别归类呢？这是一种非常简单的整理方法。"

什么是集合？

集合是具有相同特征的一组事物（物体、动物、人、颜色、字、数字等）。

1 构成集合的每个对象叫作**元素**，元素可以有很多类型。集合随处可见：在教室里、在大自然中、在公园里……

2 表示集合的方法有很多。可以用矩形或圆形表示集合，这种方法称为**图像法**；也可以用**大括号**将集合内的元素括起来。

3 我们可以用一个**大写字母**来表示集合。

例如，劳拉的袜子可以组成一个集合，我们把这个集合命名为 A，可以用下面的方式表示：

图解

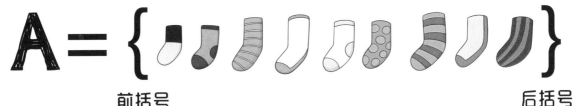

前括号　　　　　　　　　　　　　　　　后括号

21

混乱的集合

现在你已经了解了很多关于集合的知识，请你将下面的元素归到它对应的集合中。

数学运算

动物

数列

数字类型

① 3 + 3 + 3 + 3 = 12

②

③ VII

④

⑤ 4 X 5 = 5 X 4

⑦ 贰

⑥ 4, 8, 12, 16, 18

⑧ 奇数与偶数

常见的集合有以下几种。
- 空集：不含任何元素的集合。
- 有限集：集合元素的个数是数得过来的（如字母表中的字母、元音字母等）。
- 无限集：元素的数量是数不过来的，因为其无穷无尽（如星星、沙子、水滴等）。

元素的个数

我们把有限集S中的元素个数记作card（S），例如集合S = {1，2，3，4}，此时card（S）=4，表示集合中有4个元素，这被称为集合的基数。

card (C) = 7

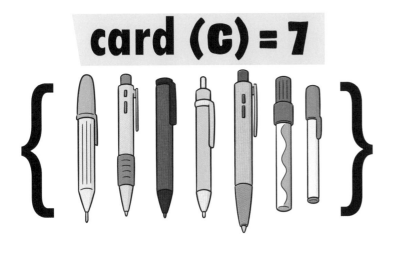

card (A) = 4

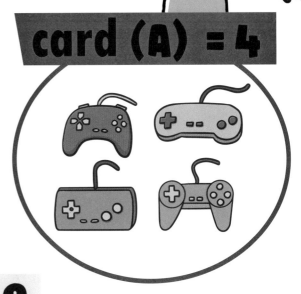

card (B) = 9

card (P) = 6

你能找出表述错误的是哪一个吗？

对于有限集来说，可以用集合的基数来表示集合元素的多少。基数越大的集合所含的元素个数越多。

直线

城市漫步

　　伊莎贝尔喜欢画线条，画很多很多的线条，她甚至可以画上好几个小时！她的好朋友马蒂是个观察力非常敏锐的人。今天他为伊莎贝尔准备了一份惊喜，带她游览城市。

　　"你可以在建筑物的窗户、屋顶或者烟囱上发现很多你喜欢的线条，是不是？那么，现在我们来看看由这些线条组成的一些非常有趣的图形（它们叫作角）！"

什么是角？

从一点引出的**两条射线**所组成的图形叫作角，这个点叫作角的顶点。

角的常见种类

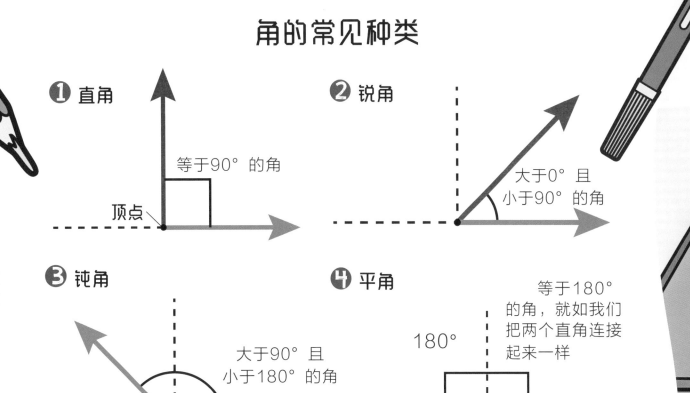

❶ 直角

等于90°的角

顶点

❷ 锐角

大于0°且小于90°的角

❸ 钝角

大于90°且小于180°的角

❹ 平角

180°

等于180°的角，就如我们把两个直角连接起来一样

角不仅存在于建筑物中，也遍布于城市之中：长椅、路灯、人行道、街道……

数学挑战

数学老师向同学们提出了一项挑战：在教室里找到轮廓中包含锐角的物品。请你仔细找找看！

哪些是呢？

数学书

地球仪

试卷

尺子

铅笔

笔筒

三角板

笔袋

量角器是测量角度数和绘制角的工具。量角器为半圆形，是这么使用的：将量角器的中心点与角的顶点对齐，使之重合，量角器的零刻度线和角的一条边重合。这时再找到角的另一条边，那条边对应的量角器刻度就是角的度数。

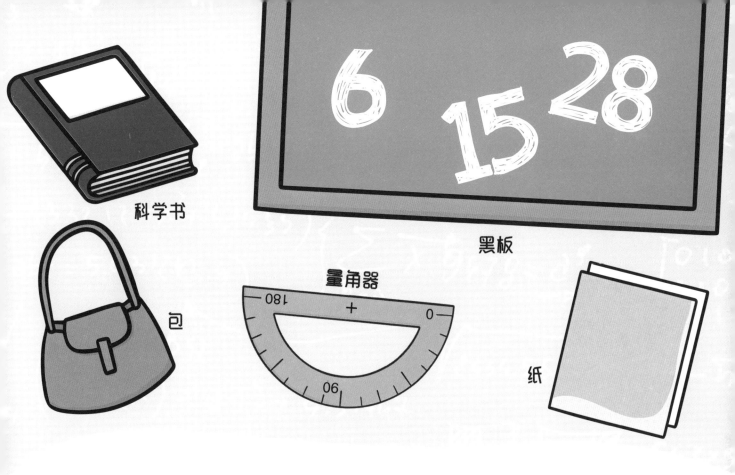

科学书

黑板

量角器

180 + 0

06

纸

包

身体的角

玛拉上学要迟到了。仔细观察！她的三种姿势中有一种使身体和左腿形成了直角。

你能找出是哪一种吗？

① ② ③

几何世界

图形建筑师

卡门长大后想当一名建筑师，因为她最喜欢做的事就是画出各种线条，然后将它们组成不同的图形。更重要的是，当她画着玩的时候，她发现了几何，她觉得更有趣了。从那时起，卡门便用几何密码来解释她周围的世界。

什么是几何图形？

几何图形是指**点**、**线**、**面**、**体**及它们的**组合**，它们可以从形形色色的物体外形中得出。常见的平面几何图形有以下几种。

1 **多边形**：由3条或3条以上的线段首尾相连组成的图形。多边形有许多类型，根据边数的不同有不同的名称。多边形也有顶点。常见的多边形有：

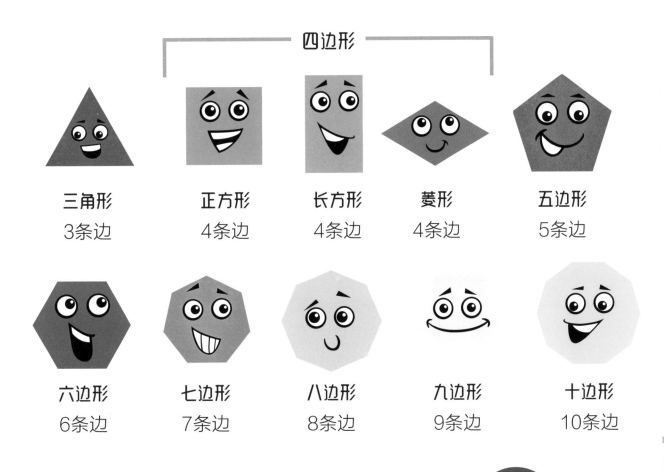

四边形

三角形	正方形	长方形	菱形	五边形
3条边	4条边	4条边	4条边	5条边

六边形	七边形	八边形	九边形	十边形
6条边	7条边	8条边	9条边	10条边

2 **圆**：在一个平面内，当线段绕固定的一个端点旋转一周，另一个端点经过的路径所形成的图形就叫作圆。

为了打破纪录！

马特奥和卡门正在平板电脑上玩一款几何游戏。这款游戏是用不同形状和尺寸的砖块来严丝合缝地砌成一堵墙。

你能够辨别下面的砖块是由哪种基本图形组成的吗？

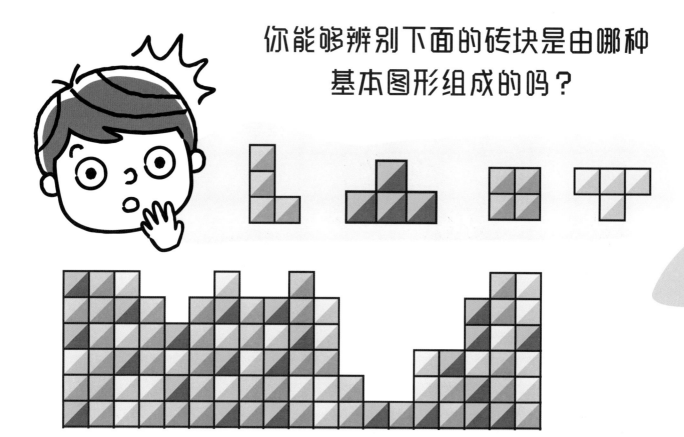

"俄罗斯方块"是一款益智游戏，它的基本规则是移动、旋转和摆放游戏自动给出的各种形状的砖块，使它们排列成完整的一行或多行并且消除得分。

隐藏的三角形

每次出门散步，卡门都会寻找几何图形。今天她要寻找三角形。卡门注意到三角形随处可见。

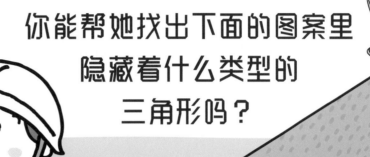

你能帮她找出下面的图案里隐藏着什么类型的三角形吗？

(d)

(a) 树木
(b) 路牌
(c) 比萨
(d) 斜坡

(b)

(a)

(c)

三角形有3条边和3个角，按边可以分为以下几种类型。

1. 等腰三角形

● 等边三角形：3条边相等，3个角相等。

● 底边和腰不相等的等腰三角形。

2. 三边都不相等的三角形

曲线

圆形的宇宙

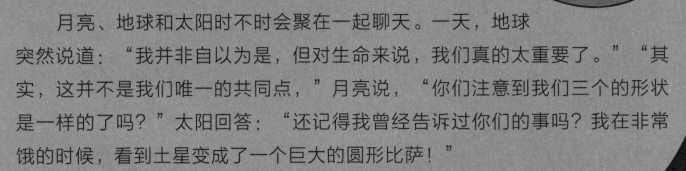

　　月亮、地球和太阳时不时会聚在一起聊天。一天，地球
突然说道："我并非自以为是，但对生命来说，我们真的太重要了。""其
实，这并不是我们唯一的共同点，"月亮说，"你们注意到我们三个的形状
是一样的了吗？"太阳回答："还记得我曾经告诉过你们的事吗？我在非常
饿的时候，看到土星变成了一个巨大的圆形比萨！"

什么是圆？

在一个平面内，当线段绕固定的一个端点**旋转一周**时，另一个端点经过的路径所形成的图形叫作圆。圆周是**闭合的曲线**，曲线上所有的点到**圆心**的距离都是**相等**的。

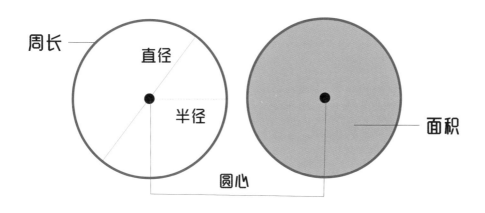

周长 直径 半径 圆心 面积

圆随处可见，足球、放大镜、戒指、瓶盖或路牌等物品中都能找到圆。

不简单的轮子

在骑自行车前，卢卡斯必须要找对这4个轮子上标出的圆的相关概念的名称。你能帮帮他吗？

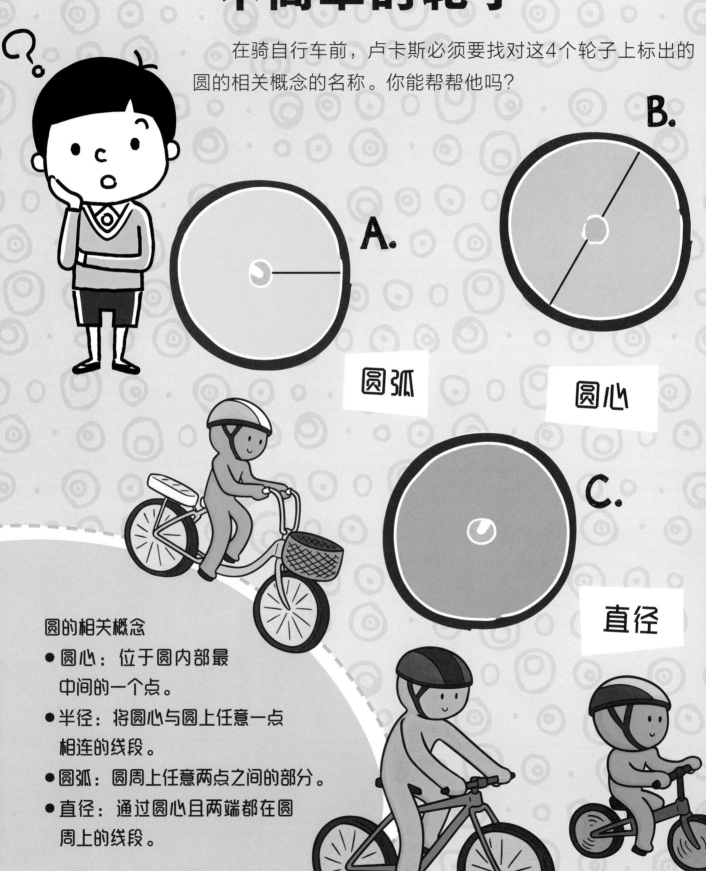

A.

B.

圆弧

圆心

C.

直径

圆的相关概念

- 圆心：位于圆内部最中间的一个点。
- 半径：将圆心与圆上任意一点相连的线段。
- 圆弧：圆周上任意两点之间的部分。
- 直径：通过圆心且两端都在圆周上的线段。

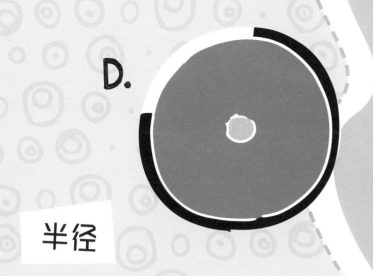

D.

半径

圆规是绘制圆或弧的工具。圆规有两条腿：一条腿的尖端带有铅笔，另一条腿的尖端带有针。圆规的使用非常简单：把针尖固定在纸上，把圆规两脚之间的距离调整为半径，然后将铅笔绕针尖旋转一周在纸上画图。

圆形迷宫

玛利亚用圆规画了很多同心圆，并用橡皮擦掉了一些区域，最终创造出下图所示的迷宫。

入口

同心圆

你能走出迷宫吗？

出口

立体图形

积木游戏

　　马科斯和弟弟科切都喜欢搭积木。他们有各种形状、材料和颜色的积木块，用这些积木，他们搭出了很棒的作品。马科斯的好朋友丽娜问他们："为什么有些积木可以立起来，而有些可以滚动？还有，为什么有些积木会比其他的积木更占地方？"

什么是立体图形？

各部分**不在同一平面内**的几何图形被称为立体图形。立体图形有以下几种类型。

- **平面立体**：由若干个平面多边形组成，也叫多面体。多面体可以是**规则的**（正多面体），也可以是**不规则的**。

正四面体	正六面体	正八面体	正十二面体	正二十面体
4个面	6个面	8个面	12个面	20个面

- **曲面立体**：有一个或多个曲面的物体，比如球和圆柱等。

球　　　　　圆柱　　　　　圆锥

平面立体的各部分

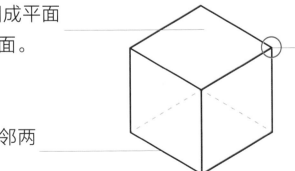

面：围成平面立体的面。

顶点：不同棱线的交点。

棱线：相邻两面的交线。

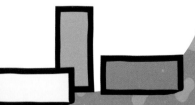

3D挑战

为了让丽娜更好地了解什么是立体图形，马科斯和科切教她玩了一款超市购物的电子游戏。在游戏中，她必须要戴3D眼镜才能看到超市里的东西。

下图中有一个物品不是立体图形，哪一个不是呢？

你能说出每个立体图形的名称吗？

你注意到了吗？大多数的果酱瓶、罐头都是圆柱体，原因是这种形状的立体图形便于物品的储存和使用。

不规则的立体图形

几何课上，老师要求我们找出下面的立体图形中不规则的那些。

你能找出哪些立体图形是不规则的吗？

棱柱和棱锥都是不规则的立体图形。棱柱有两个面互相平行，其余各面都是四边形。棱锥有一个面是多边形，其余各面都是同一顶点的三角形。棱锥以底面的形状命名，例如三棱锥、四棱锥、六棱锥。有一种特殊的四棱柱称作平行六面体，它的每个面都是平行四边形（正方形、长方形、菱形），六个面两两平行且分别全等。

测量

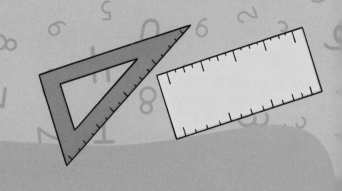

噩梦

卡拉前几天做了一个奇怪的梦，在梦中，钟表、计算器、秤、尺子甚至温度计都从家里消失了，好像被施了魔法一样。真是一团糟！大家上班、上学都迟到了；她在课堂上也没法完成数学练习，因为没有尺子……卡拉醒来后松了一口气，所有测量工具仍放在原处，她突然意识到，这些东西是多么重要啊！

什么是测量？

　　测量是用仪器来确定空间、时间、温度、速度、功能等的有关数值。测量事物的标准量的名称叫作**计量单位**。用下图的工具可以测量**质量**、**容积**、**长度**和**时间**等。

台秤

瓶子

量的名称	计量单位	符号
质量	千克	kg
容积	升	L
长度	米	m
时间	秒	s

卷尺

钟表

不同的测量工具

人类发明了许多工具，可以很容易地对物品进行测量。数学老师想要解答以下几个问题，你能帮她从下面这堆混乱的物品中找到相应的工具吗？

1. 数学书的尺寸是多少？

2. 我的宠物有多重？

3. 现在几点钟？

除了使用尺子，还有一些测量距离和长度的方法：利用手掌、脚、步子测量。事实上，这些确实是古代的测量方法。现在，汽车里程表是非常有用的测量工具。

等量换算

下图中列出的是常见的单位换算。数学老师非常生气，因为同学们没能发现这里面有一个错误……

质量、容积、长度可以用更大的计量单位来表示（把这些量除以10、100或1000，在单位前加上"十""百""千"），也可以用更小的计量单位来表示（把这些量乘以10、100或1000，在单位前加上"分""厘""毫"）。

1 1升（L）=10分升（dL）

2 1000克（g）=1千克（kg）

3 10毫米（mm）=1米（m）

4 1000毫升（mL）=1升（L）

5 1000米（m）=1千米（km）

上面哪一项是错误的？做运算，找出它！

答案

第6页： 基数：15、6、5、2、12、3、4、27、10。序数：第3、第7、第9。

第7页： a.2颗糖果；b.13块甜点；c.20颗柠檬糖；d.9块巧克力蛋糕；e.15颗橡皮糖；f.40颗干果。

第10页： a.20-3=17；b.6；c.2。捷径：20÷3的商为6，余数为2。

第11页： 最后的谜题：不能。带有错误信息的无人机是A、D。

第14页： 安娜吃得最多（$\frac{5}{6}$）。

第15页： 正确选项：$\frac{2}{4}$，$\frac{3}{6}$，$\frac{1}{2}$。

第18页： A.星期四：20，星期五：25，星期六：30，星期天：35；B.5。

第19页： 数列1（16）；数列2（26）；数列3（10）。

第22页： 数学运算：1、5；动物：2、4；数列：6；数字类型：3、7、8。

第23页： card（B）=9是错误的，因为集合中只有8个元素，而不是9个。

第26页：

第27页： 第三种姿势。

第30页： 正方形，所有砖块都是正方形组成的。

第31页： （a）底边和腰不相等的等腰三角形；（b）等边三角形；（c）底边和腰不相等的等腰三角形；（d）三边都不相等的三角形。

第34页： A.半径；B.直径；C.圆心；D.圆弧

第35页：

第38页： d不是立体图形，因为它是平面的。e是立方体（六面体），h是球体，其余都是圆柱体。

第39页： 不规则的有：1（四棱锥），2（圆台），3（三棱柱），4（斜棱柱），6（直棱柱）。5（正八面体）是规则的多面体。

第42页：

第43页： 3是错误的，正确的应为：10毫米（mm）=0.01米（m）。

作者简介

　　卡拉·涅托·马尔提内斯，西班牙记者、自由作家、童书作家，毕业于马德里康普顿斯大学信息科学专业，在新闻领域发展自己的职业生涯。她也是一位营养和健康问题方面的专家，出版了大量备受西班牙读者喜爱的书籍，如《"小小科研家的宝藏百科书"系列：不可思议的非凡人生》《儿童趣味厨房》《儿童趣味实验》《宝贝：快乐成长的关键》《儿童神话乐园》《格森疗法及其食谱》《血糖》等。

译者简介

　　赵越，重庆外语外事学院西班牙语教研室主任，校级中青年骨干教师。发表学术论文10余篇，曾获"十佳巾帼标兵""十佳教师"等荣誉。